NOTICE HISTORIQUE

SUR

M. L'ABBÉ GAMBIER,

ANCIEN RÉGENT DE RHÉTORIQUE AU COLLÉGE
DE COUTANCES.

NOTICE HISTORIQUE

SUR

M. L'ABBÉ GAMBIER,

ANCIEN RÉGENT DE RHÉTORIQUE AU COLLÉGE DE COUTANCES.

PAR M. L'ABBÉ DANIEL,

PROVISEUR DU COLLÉGE ROYAL DE CAEN.

À GRANVILLE,
CHEZ SEYTY, LIBRAIRE ;
A COUTANCES,
CHEZ VOISIN, LIBRAIRE ;
A CAEN,
CHEZ A. LE ROY ET CHEZ MANCEL, LIBRAIRES.

NOTICE HISTORIQUE

SUR

M. L'ABBÉ GAMBIER,

ANCIEN RÉGENT DE RHÉTORIQUE,
CURÉ DE SAINT-NICOLAS, CHANOINE DE LA CATHÉDRALE
DE COUTANCES.

Par M. l'Abbé Daniel,

PROVISEUR DU COLLÉGE ROYAL DE CAEN.

CAEN,

DE L'IMPRIMERIE DE A. LE ROY, IMPRIMEUR DU ROI
ET DE L'ACADÉMIE.

1829.

AVERTISSEMENT.

Si j'ai consigné dans cet écrit la vie d'un homme dont les vertus et le mérite ne sont guères connus hors le département qui l'a vu naître, c'est qu'il me semble que les honneurs de la biographie ne doivent pas être exclusivement réservés à ces personnages célèbres qui ont paru sur un grand théâtre, environnés de l'éclat de la gloire et comblés des faveurs de la fortune. Sans doute leur vie doit être racontée; mais la vertu humble et obscure a aussi droit à nos hommages. Il y a aussi d'utiles instructions à puiser dans la vie d'hommes simples et modestes, sur-tout quand ils ont été éprouvés par des revers et qu'ils se sont trouvés forts contre l'adversité. Cette consécration du malheur imprime à l'homme je ne sais quel caractère spécial qui parle plus vivement à l'ame et commande davantage le respect et la reconnaissance.

Tout le monde en convient : l'exemple est la plus éloquente et la plus persuasive des leçons. Mais voulez-vous que nous imitions les modèles que vous nous offrez, ne les prenez pas dans une sphère trop élevée. Nous en serions frappés, éblouis, ils nous arracheraient un cri d'admiration; mais peut-être ne nous croirions-nous pas faits pour atteindre si haut. Montrez-nous ce qu'ont été et ce qu'ont fait ces hommes de bien qui ont vécu avec nos parens et nos amis, que nous-mêmes nous avons pu connaître. Le mérite de ces hommes est en quelque sorte un héritage de famille. Dans ces bons sentimens, dans ces bonnes actions, sortis du milieu de nous, dans cette estime et cette vénération qu'ils font naître, nous trouvons des leçons pratiques, des vertus à notre usage. Dites-nous ces traits de fidélité, de dévouement à Dieu, au Roi, à la patrie, ces traits de charité, de courage, de patience, de résignation, dont les lieux où s'écoula notre enfance ont été le théâtre; par-là vous ferez sur nous une impression salutaire et durable; par-là vous répandrez, si j'ose ainsi parler, dans l'air que nous respirons, comme une odeur de vertu.

Dites à cette jeunesse espoir du sanctuaire, la vie de ceux qui la devancent si glorieusement dans la carrière sacerdotale. Hommes de science, de foi et d'adversité, vétérans des persécutions, la mort éclaircit rapidement leurs rangs. Encore quelques années, et il en restera à peine quelques-uns pour attester leurs vertus et leurs travaux passés. Conservons du moins, pour notre exemple et notre instruction, le souvenir de leurs talens et de leur piété héroïque.

Mais demander de pareils récits, n'est-ce pas vouloir réveiller d'odieux et de déplorables souvenirs ? A Dieu ne plaise ! Union et oubli ! Soyons toujours fidèles à ce sage précepte du frère du Roi martyr: oubli de toute haine et de tout ressentiment; union dans notre amour et notre dévouement à l'autorité légitime et aux lois qui nous régissent. Paix et pardon à ceux qui ont fait le mal, dans quelque rang qu'ils aient été ; louange et honneur à ceux qui ont fait le bien et souffert persécution pour la justice : mais loin de nous d'oublier les événemens qui ont rendu si tristement fameux l'âge qui nous précède ! Racontons-en l'histoire, si nous voulons que notre génération ne soit pas, à son tour, égarée par des théories dangereuses et emportée par le tourbillon des révolutions. Voulez-vous que je n'aille pas, nautonnier téméraire, me précipiter sur une mer périlleuse, ne me cachez pas les écueils dont elle est semée, les tempêtes qui la bouleversent et les milliers de victimes qu'elle a dévorées.

NOTICE HISTORIQUE

SUR

M. L'ABBÉ GAMBIER.

Thomas-Louis-François GAMBIER naquit à Granville, le 14 mai 1762. Son père, capitaine au long-cours, était instruit dans son état. Quand l'âge ne lui permit plus de naviguer, il s'occupa à préparer aux examens, exigés alors, les jeunes gens qui se destinaient à la marine. Il forma ainsi un grand nombre de capitaines. Il ne possédait qu'une modique fortune ; mais une vie simple et occupée lui donnait quelque aisance, et il put cultiver les heureuses dispositions qu'annonçait son fils.

Le jeune Gambier eut le bonheur de ne trouver dans la maison paternelle que de bons exemples et de sages leçons : il en profita. Dès l'enfance, il montra autant de goût pour la vertu que d'aptitude pour la science. Une année suffit pour l'élever aux classes d'humanités, et il y remporta tous les prix : en rhétorique et en philosophie, il brilla presque toujours aux premiers rangs. A cette époque, les élèves de philosophie aspirant à l'état ecclésiastique, demeuraient au séminaire et venaient recevoir les leçons du professeur du collége. Nommé leur maître de conférences, M. GAMBIER se montra digne de cette honorable distinction. Il parlait latin avec tant de facilité, il développait si clairement les hautes questions de la philosophie, qu'il semblait non pas un élève qui répétait à ses condisciples la leçon du maître, mais un professeur habile qui enseignait une science depuis longtemps l'objet de ses méditations. Dans les cours de théologie, il répondit aux espérances qu'avaient fait concevoir de lui ses succès dans les études littéraires et philosophiques. Sa modestie égalait ses talens. Sa bonté et sa douceur le rendaient cher à tous ceux qui le connaissaient. Il avait, au collége et au séminaire, autant d'amis que de maîtres et de condisciples.

Lorsqu'il eut terminé le cours des études, ses professeurs lui donnèrent la surveillance de leurs nombreux élèves (1). M. GAMBIER comprit toute

(1) Le collége avait alors pour principal un chanoine qui jouissait d'un assez riche bénéfice. Il ne logeait point au collége. Le pensionnat était dirigé par les professeurs qui nommaient chaque année, dans leur sein, un directeur et un économe. Ils partageaient entre eux les profits.

l'importance des devoirs qui lui étaient imposés. Il les remplit avec une infatigable activité et un dévouement sans bornes. Il sut se faire aimer dans un poste où il est bien difficile de ne pas se faire haïr. Nous avons entendu, il n'y a pas long-temps, des hommes dont alors il surveillait les études, parler avec reconnaissance des soins qu'il leur prodiguait.

M. Gambier reçut la prêtrise en 1786. Trois ans après, on lui confia la direction d'une communauté de religieuses à Carentan. Il était jeune; mais l'expérience, ainsi que la science, avait chez lui devancé les années. Sous sa conduite, ces saintes femmes, séparées du monde afin de travailler plus efficacement pour l'éternité, marchèrent avec une nouvelle ferveur dans les voies de la perfection chrétienne. Chargé plus spécialement des pensionnaires, il leur expliquait la religion et les formait à une piété éclairée. Le zèle de M. Gambier ne se renfermait pas dans l'enceinte de cette communauté : toujours prêt, quand il y avait du bien à faire, il ne se refusait jamais à seconder les pasteurs de la ville et des paroisses voisines. Il s'acquittait avec joie des diverses fonctions du ministère ecclésiastique.

Pendant qu'il travaillait ainsi à faire connaître, aimer et observer les lois divines et humaines des hommes, qu'une fausse philosophie avait égarés et conduits à l'impiété, travaillaient sans relâche à l'anéantissement de la religion et au bouleversement de la société. Les progrès de leurs funestes efforts devenaient de jour en jour plus sensibles. Depuis long-temps l'horizon politique se couvrait de nuages menaçans. Enfin l'orage éclata. L'antique édifice de la monarchie française s'écroula, et l'on vit bientôt nager dans le sang et les larmes les débris confondus du trône et de l'autel. Ceux à qui il avait été donné alors de prévaloir, veulent modifier la religion et constituer l'Église au gré de leur intérêt, de leurs passions ou de leurs préjugés. Ils demandent pour cette constitution humaine, si opposée à la constitution divine, des sermens solennels. Presque tous les prêtres vertueux et éclairés les refusèrent, ou s'empressèrent de les rétracter. Ces refus et ces rétractations irritèrent les hommes auxquels était livrée alors notre malheureuse patrie. Une affreuse persécution commença. M. GAMBIER était absent de Carentan le jour où arrivèrent les décrets de proscription et de mort contre les prêtres qui, suivant l'inspiration de leur conscience, aimaient mieux obéir à Dieu qu'aux hommes. Rentrer dans cette ville, c'eût été s'exposer à un danger évident. Il erra déguisé dans les campagnes voisines.

qu'il ne connaissait pas, et où il n'était pas connu. Mais l'homme chrétien, le prêtre dévoué est bientôt deviné par-tout où il y a des ames fidèles. Quelques hommes, fanatisés par l'impiété, poursuivaient avec fureur la religion et ses ministres; mais la foi n'était pas éteinte dans tous les cœurs. Pour donner l'hospitalité aux prêtres persécutés, beaucoup de vrais chrétiens bravaient les lois, les menaces et toute la puissance des révolutionnaires.

La plupart des prêtres qui avaient refusé le serment, s'arrachant à leurs troupeaux, à leurs familles, à leurs amis, aux pauvres qu'ils nourrissaient et consolaient, se réfugièrent chez les nations étrangères. M. GAMBIER dut regretter de ne les avoir pas imités. Loin du sol chéri de la patrie ; loin des lieux où ils n'avaient mérité que la reconnaissance des peuples ; dépouillés de tout, n'ayant d'autre espérance et d'autres ressources qu'en Dieu pour la loi duquel ils souffraient; sans doute, leur condition était triste : mais au moins ils n'étaient pas entourés d'ennemis furieux ; ils pouvaient sans crainte parcourir les villes et les campagnes ; on ne leur faisait pas un crime de prier Dieu. Il n'en était pas ainsi de ceux qui, comme M. GAMBIER, étaient restés en France sans avoir prêté le serment: poursuivis de retraite en retraite, épiés par la haine la plus active, il n'y avait pour eux ni repos ni sécurité. Souvent ils entendaient les vociférations de leurs persécuteurs ; souvent ils apprenaient que quelqu'un de leurs confrères, proscrit comme eux, avait été découvert, et qu'on l'avait égorgé ou jeté dans les prisons, d'où il ne devait sortir que pour monter à l'échafaud (1). Si notre infortunée patrie, se débattant péniblement sous la main des bourreaux, apparaissait de loin à ses enfans exilés comme enveloppée d'un nuage de sang, ceux qui n'avaient point quitté son sol, voyaient, touchaient pour ainsi dire ses plaies profondes. Les rugissemens de la joie féroce et insolente des méchans retentissaient à leurs oreilles. Ils ne rencontraient

---

(1) Il faut le proclamer cependant à la louange de notre contrée : grâces à l'esprit de sagesse et de modération, caractère général de ses habitans, ellefut moins que beaucoup d'autres souillée des horreurs de ces temps de vertige. Néanmoins elle eut aussi ses martyrs. On n'oubliera jamais à Coutances la mort du pieux abbé Toulorge, de Muneville-le-Bingard. Après avoir passé à Jersey, il était revenu secrètement en France. Il fut arrêté et traduit devant le tribunal de Coutances. Les juges cherchaient à le sauver ; il ne s'agissait pour lui que d'affirmer qu'il n'avait point émigré ; aucun témoin ne devait le contredire ; mais c'était demander un mensonge à l'abbé Toulorge. A ce prix il ne consentira pas à racheter sa vie. Il dit la vérité, on lui répond par une sentence de mort. A l'exemple des martyrs des premiers siècles du christianisme, il marcha au supplice comme à une fête.

qu'horreur et effroi sur cette terre d'où Dieu semblait s'être retiré. Par-tout les gens de bien étaient menacés, dépouillés, incarcérés, tourmentés de mille manières; par tout les croix étaient brisées, les églises dévastées, brûlées, vendues ou livrées à des usages profanes. La religion était réduite à se retirer dans les lieux les plus secrets pour célébrer ses mystères. Le temps des catacombes était revenu pour le christianisme.

Combien elle fut déplorable la vie à laquelle était condamné M. Gambier durant ces jours d'incroyable folie ! Qu'elles ont dû être longues les années passées dans cette cruelle situation ! Plusieurs fois il fut sur le point d'être arrêté. Un jour qu'il fuyait d'une retraite devenue suspecte, il venait d'arriver dans une autre où il espérait être moins exposé. Par un temps froid et pluvieux, il avait parcouru des routes détournées et presque impraticables. A peine il commençait à réchauffer ses membres transis, que des municipaux, faisant des visites domiciliaires et cherchant les prêtres insermentés, entrent brusquement dans l'appartement où il était. Le maître de cette maison avait été dénoncé comme suspect. Inconnu à ces hommes, M. Gambier fait bonne contenance : il interrompt la lecture d'une feuille publique qu'il tenait, et leur adresse diverses questions avec le ton d'un homme qui aurait autorité sur eux. S'apercevant de leur ignorance : « Vous ne connaissez donc pas, citoyens, » leur dit-il, les derniers décrets de l'Assem- » blée ? vous ignorez qu'ils prescrivent pour les » passe-ports des mesures nouvelles et recom- » mandent de rechercher avec une grande vigi- » lance les prêtres réfractaires ; ce sont pourtant » des choses qu'il vous importerait de savoir. » Les citoyens s'imaginent que l'homme qui leur parle avec tant d'assurance est quelque membre du district, ils se retirent respectueusement sans l'inquiéter. Quelques jours après ils découvrirent la vérité. Ils revinrent furieux et firent de rigoureuses perquisitions ; elles furent inutiles : M. Gambier avait changé d'asile. Il s'était rendu à Valognes où il faillit tomber dans le danger auquel il venait d'échapper La maison où il devait être reçu était, au moment où il s'y présenta, remplie d'hommes qui cherchaient un autre prêtre. A la faveur de la nuit qui tombait, on fit rapidement passer M. Gambier dans un jardin, et de là dans un grenier, où il resta caché pendant quelque temps.

Admirable pouvoir de la foi ! M. Gambier, cet homme si simple et même si timide, montrait, dans cette vie pleine de périls, une rare présence d'esprit et un courage étonnant. Combien de fois il a parcouru, au milieu des nuits, et quelquefois même en plein jour, Montebourg, Valognes et les campagnes circonvoisines, allant furtivement, dans quelques pieuses familles, parler de Dieu et de l'éternité, adoucir les derniers momens de ceux qui quittaient ce monde, et leur apprendre à pardonner aux ennemis de la foi et à prier pour eux !

Cependant, doué d'une extrême sensibilité, M. GAMBIER s'affectait vivement des malheurs et des crimes de cette époque de désastreuse mémoire. Dans ses traits altérés, dans son corps vieilli avant le temps, on découvrait l'impression profonde des événemens qu'il avait traversés. Mais l'adversité qui avait si fortement pesé sur lui, en affaiblissant ses forces physiques, lui avait laissé sa force morale ; elle avait, s'il est possible, accru sa foi et sa piété. Quand revinrent des jours meilleurs, il continua à remplir, avec un zèle au-dessus de tout éloge, des devoirs qu'aucun titre ne rendait obligatoires pour lui. A Granville, à Coutances, on le vit se livrer à l'exercice du ministère évangélique et consumer, dans la pénible obscurité du confessionnal, un esprit vif et un génie faits pour briller et éclairer la société. Il courait au lit des malades, ramenait à la religion les hommes qui avaient eu le malheur de s'en éloigner, et faisait entendre, dans la chaire sacrée, d'éloquentes et édifiantes paroles Il est assez rare qu'un homme de talens élevés et livré par goût à de hautes études, prenne plaisir à enseigner les choses les plus élémentaires. Depuis 1801 à 1807, M. GAMBIER expliqua, dans l'église de Granville, les premiers principes de la religion. Il apportait à ces humbles et importantes fonctions un soin et un empressement dignes d'un vrai disciple de celui qui a dit : *Laissez venir à moi les petits enfans.* Quand il n'avait que les enfans, il savait se mettre à leur portée ; mais, les jours de Dimanche, ces catéchismes devenaient des instructions raisonnées et intéressantes qui appelaient toujours un nombreux auditoire.

En 1807, M. l'abbé Doyère, qui venait d'être nommé principal du collége de Coutances (a), appela auprès de lui M. GAMBIER et lui confia la chaire de rhétorique. Il ne pouvait faire un plus heureux choix. M GAMBIER réunissait toutes les qualités qui forment l'excellent professeur. A une fécondité prodigieuse d'imagination, il joignait un jugement sain et un goût exquis. Il exprimait avec une facilité et une clarté remarquables ce qu'il pensait et ce qu'il sentait Il avait toujours cultivé l'étude. Versé dans les connaissances littéraires

téraires et religieuses, il n'était pas étranger aux sciences ; aussi apportait-il à ces nouvelles fonctions une instruction étendue et solide. Il avait le secret d'intéresser les élèves. Avec lui les heures passaient vîte. On aimait ses leçons, on aimait le professeur. Et comment ne l'eût-on pas aimé ? il y avait dans tous ses procédés, dans toutes ses paroles, tant de franchise, tant de bonté, tant de délicatesse ; il craignait tant de vous affliger, il était si vivement peiné quand il avait à vous adresser le plus petit reproche, il éprouvait tant de bonheur de votre application et de vos progrès, qu'il eût fallu être totalement dépourvu d'ame et de sentiment pour ne pas chérir et respecter un si habile et si bon maître. Il avait aussi un tact merveilleux pour connaître les caractères et saisir les moyens propres à les porter à l'étude.

Les bonnes pensées, comme les bons sentimens, coulaient naturellement de cette ame si riche et si pure. Il composait avec une célérité surprenante ces plaidoyers littéraires que prononçaient les élèves les jours de la distribution solennelle des prix. Il ne les écrivait pas, il les dictait en se promenant. Rien de si aisé aux élèves que de s'identifier avec leur rôle. Chaque plaidoyer était fait pour l'élève qui devait le débiter, et il convenait à son caractère, à sa manière d'être et de sentir : aussi

B

ces compositions avaient-elles une couleur, une physionomie spéciale. Ce n'était pas là le seul genre de mérite qui le distinguait : M. GAMBIER possédait au plus haut degré l'art qu'il enseignait. Il savait plaire en instruisant, il savait cacher de sages leçons et d'utiles préceptes sous les formes variées et agréables de ces exercices littéraires. Habile à exprimer avec force et dignité les pensées généreuses et élevées, il excellait aussi à manier la plaisanterie, qui toujours sous sa plume fut délicate et spirituelle. Une piquante critique jaillissait parfois de cette imagination vive et puissante; mais, en traversant cette ame si pleine de candeur et de bonté, elle se dépouillait de tout ce qui pouvait irriter et blesser. Personne ne connaissait mieux que lui le secret de dire ce qui convient et de s'arrêter à propos. En 1814, alors que les opinions politiques étaient si animées et si ennemies, il choisit un sujet d'exercice littéraire bien difficile à traiter. Il s'agissait de la meilleure forme de gouvernement. L'aristocratie, la démocratie, le gouvernement militaire, etc., étaient tour-à-tour examinés et jugés. M. GAMBIER traita ces périlleuses questions avec tant de prudence et de mesure, qu'il obtint une approbation universelle.

Il n'attachait aucune importance à ces intéressantes compositions ; il n'en demandait même pas copie à ses élèves. S'il était possible de les recueillir, nous sommes persuadé qu'on les lirait avec plaisir.

Il composa, aussi en 1814, une oraison funèbre de Louis XVI, dans laquelle se trouvaient plusieurs morceaux d'un mérite peu commun. Après les cent jours, les élèves réunirent et firent imprimer quelques pièces de prose et de poésie que le professeur avait composées comme en se jouant au milieu d'eux (1). Quoiqu'elles ne soient que le premier jet d'une imagination féconde, elles portent l'empreinte d'un véritable talent. Le style en est abondant, sans être dépourvu de force ni de grâce.

Le respectable et sage prélat qui gouverne le diocèse de Coutances, ne pouvait manquer d'apprécier M. GAMBIER. Il lui avait déjà donné un gage d'estime en le nommant chanoine honoraire. En 1817, il l'appela à l'importante cure de Saint Nicolas. Le jour où M. GAMBIER quitta

___

(1) *Discours, Lettre, Essai, Odes*, etc. in-8.º, 1815. Coutances, chez Voisin.— Je désirais faire imprimer, à la suite de cette notice, quelques pièces de la composition de M. GAMBIER ; mais je n'ai pu retrouver que des morceaux écrits en 1814 et en 1815. Analogues aux circonstances d'alors, ils offriraient peu d'intérêt aujourd'hui.

le collége fut pour ses collègues et pour tous les élèves un jour de deuil. Il n'abandonnait pas non plus sans regret des fonctions et une jeunesse qui lui étaient chères. Mais la voix de son supérieur s'était fait entendre : c'était pour M. Gambier la voix de Dieu. Il accepta l'honorable fardeau qui lui était imposé. Ce fardeau était loin d'être au-dessus de son zèle, mais il se trouva bientôt au-dessus de ses forces. L'ardeur avec laquelle il se livra à l'administration de sa populeuse paroisse, acheva d'user sa santé, délabrée par les souffrances de la révolution et par les travaux de l'enseignement ; des maladies continuelles rendirent presque inutiles son dévouement et ses lumières. La douleur qu'il en ressentait aggravait singulièrement son mal, et compromettait sa vie, quand Mg.^{r} l'Evêque, toujours plein d'affection pour lui, le remplaça dans la cure de Saint-Nicolas, le nomma chanoine de la cathédrale, et l'admit à ses conseils. La santé de M. Gambier parut se rétablir, et ses amis se flattèrent de voir ses jours long-temps prolongés ; mais M. Gambier ne pouvait rester oisif dès qu'il pouvait être utile : il reprit la direction des ames. Comme par le passé, les pénitens se pressèrent en foule autour de son confessionnal. Ils trouvaient en lui les leçons d'une religion éclairée et d'une morale douce et pure. Mais bientôt il fallut suspendre le cours de ses pieux travaux. Les maladies revinrent. Elles amenèrent des infirmités et un affaiblissement qui croissaient de jour en jour. Malgré les secours de l'art et les soins empressés et affectueux de parens et amis dévoués, M. GAMBIER ne fit plus que languir. Après une longue agonie, il s'est endormi dans le Seigneur, le 7 septembre 1829.

Riche de tous les talens qui conduisent l'homme à l'illustration et à la fortune, M. GAMBIER a vécu et est mort pauvre. Avant la révolution, à l'époque du concordat, il refusa des places importantes. Il était trop modeste pour ambitionner la gloire, et trop désintéressé pour rechercher les richesses. Il aimait à vivre dans l'obscurité, et il ne s'occupait qu'à amasser des trésors qui ne rouillent pas et que les vers n'atteignent pas. Sans doute il jouit de la récompense qu'ont méritée ses rares vertus. Ceux qui ont vécu avec lui, qui pendant longues années ont, pour ainsi dire, à chaque instant lu dans son cœur, ne peuvent, après le plus sévère examen, trouver dans ses discours ni dans ses actions rien qui s'écarte de la sainteté chrétienne. On chercherait vainement dans cette vie exemplaire quelques-unes de ces fautes légères que l'on se permet tous les jours, même avec de la piété. Non-seulement il pratiquait avec la plus scrupuleuse fidélité tous les devoirs que prescrit la religion, mais il observait les vertus sociales avec une délicatesse, une complaisance, une urbanité que rien n'égale. C'était un prêtre selon le cœur de Dieu ; c'était un homme qui s'oubliait constamment lui-même pour ne penser qu'aux autres. Il vivra toujours dans le cœur de ses élèves, et sa mémoire sera en vénération par-tout où il a été connu.

―――――

(a) M. l'abbé Doyère, aujourd'hui chanoine de la cathédrale et principal honoraire du collége de Coutances, a fait de brillantes études dans l'ancienne et célèbre université de Caen. Le collége de Coutances, quand il en prit la direction, avait à peine cent cinquante élèves ; au bout de quelques années il en comptait plus de cinq cents. Ces nombreux élèves trouvaient tous dans M. Doyère la bonté d'un père et l'affection d'un ami, et beaucoup y trouvaient un bienfaiteur généreux. Aussi son éloge est-il dans la bouche et plus encore dans le cœur de tous ceux qui le connaissent.

M. Doyère eut le bonheur de rencontrer des collègues dignes de lui. Le mérite et la réputation du principal et des professeurs, sur-tout de MM. Gambier, Mauger et Guérin, et l'heureuse harmonie qui régnait entre eux, inspiraient la confiance, et assuraient la prospérité de l'établissement.

M. l'abbé Mauger (Jacques), né à Sainte-Marie-du-Mont, le 5 avril 1772, et mort à Coutances régent de seconde, le 25 mai 1826, était aussi un élève distingué de l'université de Caen. C'était un homme de science, de foi et de piété, modeste comme la vertu, pacifique comme la charité, simple comme la vérité. On ne pouvait offrir à la jeunesse de plus beau modèle. M. Mauger eut une grande part de peines et de souffrances durant la révolution. Il n'était que diacre quand la persécution éclata. Forcé de se cacher pour l'éviter et pour échapper au service militaire, il resta plusieurs années enfermé dans un petit cabinet, comme dans un cachot, sans oser en sortir. A peine s'il pouvait quelquefois, pendant la nuit, se hasarder à ouvrir sa fenêtre, afin de respirer l'air et de parcourir au moins des yeux cette belle campagne, témoin des jeux de son enfance, et où il ne pouvait alors faire un pas sans s'exposer à une mort certaine. Il y avait des révolutionnaires dans le pays; s'ils eussent su que l'abbé Mauger était au milieu d'eux, ils n'auraient pas manqué de le dénoncer. Plus d'une fois il les entendit qui demandaient avec juremens à sa mère ce qu'était devenu son fils. Que l'on se figure la position de cette tendre mère: une émotion un peu vive, un léger trouble pouvait trahir son secret.

Lorsque la persécution cessa, M. Mauger était réduit à un état de faiblesse et de langueur qui faisait craindre pour ses jours. Sa santé ne s'est jamais complètement rétablie. Il fut pendant quelque temps régent au collége de Valognes. Vers 1805 on l'ordonna prêtre, et on l'appela au collége de Coutances où il professa successivement les classes de quatrième, troisième et seconde. Il était aussi fort aimé des élèves, et il leur portait un vif intérêt. Il y avait beaucoup à profiter à ses leçons, toujours soigneusement préparées et données avec un talent et une méthode remarquables.

M. Guérin, neveu et ami de M. Gambier, occupe aujourd'hui la chaire de seconde à Coutances. On doit vivement regretter que les règlemens actuels sur l'aggrégation ne permettent pas d'appeler dans les colléges royaux des hommes environnés, comme M. Guérin, de l'estime et de la confiance publique, et éprouvés par de longs succès dans l'enseignement.

En rendant hommage à tous ces hommes de bien dont j'ai été l'élève, je suis sûr de n'être que l'interprète de tous ceux qui ont eu l'avantage de suivre leurs leçons.

www.ingramcontent.com/pod-product-compliance
Lightning Source LLC
Chambersburg PA
CBHW070525050426
42451CB00013B/2852